动物世界真假大盘点

【法】热拉尔·多泰尔（Gérard Dhôtel）文
【法】伯努瓦·佩鲁（Benoît Perroud）图
陈颖盈 译

上海科技教育出版社

目录

千足虫有1000条腿吗

这不是真的！

千足虫的确可以算是地球上腿最多的动物。但是，它们并没有多达上千条的腿！它们可能也只有几十条腿而已。在已知的10000多种多足纲动物中，只有一种生长在美国的马陆拥有700多条腿。这可是最高纪录了！英国人称这类小生物为“百足”，这个名称似乎与现实更为接近。

千足虫学名叫马陆，它并不是一种昆虫。原因很简单：昆虫只有6条腿，多一条都不能被归为昆虫。千足虫也不属于蛛形纲。蜘蛛、蝎子、螨虫或盲蛛等蛛形纲动物都进化出了8条腿。千足虫其实属于多足纲，也就是说“这类动物有好多条腿”。

对千足虫来说，最主要的问题就是行走。它们需要移动所有的腿才能前进。这就需要身体高度协调。如果有些腿移动得太快，另一些腿就会无所适从，这样一来，它们就会纠缠到一块儿，甚至令身体悬在空中。

猎豹是跑得最快的动物吗

可以这么说，但是……

猎豹的奔跑速度可以达到110千米／时，的确可以算是跑得最快的动物了。但是请注意，它只是地面上跑得最快的！如果算上飞行的鸟类，猎豹可就要略逊一筹了。军舰鸟的速度可达150千米／时，是真正的世界冠军。即便与水生动物比较，猎豹也只能跟旗鱼（时速110千米）打成平手。

无论如何，猎豹还是比人跑得快。曾创下100米短跑的世界纪录的尤塞恩·博尔特的速度也不过36千米／时。

总之，猎豹跑起来比它的猎物要快很多。问题在于它的耐力很差。经过300米的冲刺后，猎豹就会体力不支，减慢速度。如果需要进行长距离的追逐，那么即便是羚羊也能从猎豹口中逃脱。因此如果猎豹不想饿肚子的话，它就得不断改进捕猎的技术，除此以外别无他法。它会尽可能地靠近它所觊觎的动物，然后开始追捕。它每一步可以跨越7—8米，因此只需要花很短的时间就能追上它的猎物。它会纵身一跃扑上猎物的背部，咬破其脖子或喉咙，使其窒息。有时候，它也会故意绊一下猎物，使其失去平衡。

猎豹身细、腿长，非常有利于奔跑。不会伸缩的爪子有助于它更稳地踩在地面上，长长的尾巴能够很好地掌握平衡。猎豹绝对可以算是田径高手。

青蛙是无害的吗

这是真的，但不完全正确……

一般情况下，青蛙比蟾蜍更讨人喜欢，因为蟾蜍既丑陋又黏糊糊的，看起来不太吉祥。事实上，有些蛙要比蟾蜍危险得多。比如这两种色彩非常艳丽的青蛙：全身金黄的金色箭毒蛙和红蓝相间的草莓箭毒蛙。

它们的个头都很小，大概5厘米左右，看起来非常可爱。但是，千万不要被它们的外表所迷惑！这些南美洲热带雨林里的两栖动物其实非常危险。金色箭毒蛙是所有蛙类中毒性最强的。草莓箭毒蛙的毒液毒性也很强，印度人将它涂抹于箭头，制成致命武器。它们身体的颜色特别鲜艳，这是为了警告它们的敌人：“当心！我可不是好惹的！”还是躲远一点吧！

另外需要小心的是，有些蟾蜍的皮肤也有毒，比如大蟾蜍和铃蟾。当它们遇到危险时，会用后腿站立，并暴露出自己色彩斑斓的喉咙及腹部，仿佛在说：“小心，我可是有毒的！”

所以，千万不要去摸它们！

蝙蝠都爱吸血吗

但是，南美洲有3种蝙蝠以饮血为生。

通常，这类蝙蝠吸的是牲畜的血，但是如果实在饿晕了，它们也会攻击人类。尤其是吸血蝠，实在令人生畏。入夜，它们开始寻找正在沉睡的目标，马、奶牛或者鸡是首选。一旦锁定目标，它们就会一把抓住猎物，将锋利的牙齿扎进猎物的肌肉中，然后吸足猎物的血，饱餐一顿。一夜之间，100只吸血蝠能够吸食25头牛或14000只鸡的血。这是多么大的胃口呀！

对，又不对

大多数蝙蝠以昆虫和水果为食。尤其是家里常见的蝙蝠——家蝠或大棕蝠，它们的主食是蚊子。

但是，如果吸血蝠既没有找到牛，又没有找到马，而且还饿得不行，那么它们就会将矛头指向人类。由此带来的问题是，蝙蝠会将疾病（例如狂犬病）通过伤口传染给人类。无论如何，蝙蝠都是令人恐慌的，以至于激发了大量恐怖电影的创作灵感。

大熊猫是熊吗

这是真的哟！

人们总是不太知道如何将这种珍稀动物进行归类。其实，大熊猫就是熊家族的成员，就是狗熊和北极熊的远房亲戚。是不是很奇怪呢？

但是，大熊猫与熊又是不同的。熊什么都吃（浆果、植物的根、昆虫……），大熊猫则吃竹子。而且，不是什么竹子都吃！它们非常挑剔，只吃中国山区森林中某些特殊品种的竹子。由于这些竹子不抗饿，因此它们每天要吞下10—15千克的竹子！所以，它们每一天的大部分时间都在咀嚼中度过。

尽管大熊猫是熊，但小熊猫却是浣熊的前辈。小熊猫和浣熊长着一样的尾巴，毛绒绒的，还有环状花纹。这种擅长攀援的动物在喜马拉雅山的森林里昼伏夜出，其实与那些黑白相间的大熊猫没有任何关系。

食人鱼能够吃下一头奶牛吗

这是真的！

这种鱼虽然小但非常可怕。成百上千条食人鱼会成群结队冲向猎物，几分钟之内便能将一头奶牛般巨大的动物吃得一干二净。不过，与传言相反的是，食人鱼不会无故攻击活物。其实，它们是被血液的气味吸引而找到猎物的。它们总是成群结队地隐蔽在某处，如果水里出现了一只受伤的动物，它们就会迅速地猛扑过去。

这种攻击是非常残忍的，通常那只受伤的动物最后会被吃得只剩一副骸骨……

一只大型的猎物可能会吸引数百条疯狂的食人鱼。

这些狼吞虎咽的食人鱼吃得失去了控制。在被血染红的水里，它们甚至会自相残杀。

那么食人鱼究竟是什么鱼？食人鱼栖息在南美洲国家巴西的圣弗朗西斯科河流域。幸运的是，只有为数极少的几种食人鱼会危及大型哺乳动物和人类的生命。食人鱼的牙齿小而尖利，就像剃刀一样。它们的下颚长得有点吓人，使它们看起来像屠夫的脸。真恐怖！

鬣狗会笑吗

这不完全正确……

有时鬣狗会发出嚎叫声，听起来像人类的笑声。这种令人毛骨悚然的嚎叫声既不是表达喜悦的方式，也不是号召集合的口令，更不是嘲笑的声音。

专家认为鬣狗的叫声可能是为了表达恐惧或兴奋之情，也可能是为了驱赶秃鹫和豺，这些动物会为了寻觅猎物而在附近徘徊。

其实，鬣狗能发出许多种不同的声音。

鬣狗妈妈时而发出咕噜声，寻找小鬣狗；时而对着狮子咆哮，企图抢夺食物。鬣狗的冷笑声也可能是为了与伙伴们保持联系。但是只有最大的那种鬣狗才会“笑”，它们是生活在非洲的斑鬣狗，分布于撒哈拉沙漠以南。另外两种鬣狗（条纹鬣狗和褐鬣狗）都没有这种能力。

有一件事是肯定的：鬣狗原本就因为专吃腐尸而臭名昭著，恐怖的“冷笑声”令它的形象更加恐怖。

然而，这种动物也具有捕猎的能力。斑鬣狗捕食一些小型猎物。夜晚，它们成群结队地攻击牛羚和斑马。而且鬣狗胆子一点都不小：它们经常毫不犹豫地从花豹和狮子嘴边抢夺猎物。

跳蚤是雌性的虱子吗

由于虱子和跳蚤都寄生在哺乳动物（包括人类）的身上或者鸟类羽毛下，所以人们常将它们混为一谈。它们都会吸我们的血，并且引起皮肤瘙痒，还会传播疾病。比如，头虱喜欢藏在头发里，吸完血之后，它会往我们的头皮下注射一些含刺激物的唾液。这就是引起瘙痒的原因。一旦虱子爬上了我们的皮肤，要把它们彻底消灭就很困难。更可怕的是：一只雌性的虱子能在头发里产下约300枚卵！这些卵一两周之后就能孵化，然后长大，成为能够吸血的成年虱子。

尽管跳蚤和虱子都因为会叮人而令人厌恶，但它们并不是同一类昆虫。跳蚤更不可能是雌性的虱子。

跳蚤，往往会从一个宿主跳到另一个宿主身上，以吸血为生。

而虱子，则会向皮肤内注射令人发痒的毒液。

它们都是令人讨厌的虫子！

信天翁一边飞行一边睡觉吗

许多年前，曾有一只信天翁毫不停歇地飞了整整46天，飞过22000千米！如此长途的飞行让它疲惫不堪。这只鸟需要不时地补充体力，于是它便在天空中睡着了……不过，更确切地说，它只是闭着一只眼睛睡觉。它的大脑有一半进入睡眠状态，而另一半则保持着警戒状态。而且，它并非真的一边飞行一边睡觉，而是任凭自己随风飘动。事实上，它就像滑翔机一样在天空滑翔。

不完全是这样哦！

信天翁是一种非常厉害的候鸟，它一生中大多数时间都是在天空中度过的。它在海面上飞翔，直到抵达可以筑巢过冬的地方。为了完成长途迁徙，它巧妙地借助了风的力量。

信天翁早已适应了这种长途飞行。其实，它们在起飞和降落时消耗的能量比飞行时消耗的能量更多。这种飞行方式唯一的不便之处是：不能没有风！

当风平浪静的时候，它们只好在水面上休息，等待下一阵风的到来！

羊驼生气时会吐唾沫吗

这是真的！

当一头羊驼的领地被其他羊驼侵犯时，或者当它遭遇危险时，它就会焦躁不安并口吐唾沫，然而第一步是把耳朵向后折。

然后，不停地弹舌头，导致唾沫越来越多，充满口腔并鼓起两颊。由于口水令它很不舒服，所以它必须把唾沫吐掉。第一口唾沫是一种警告。如果这还不能赶走入侵者，那么它就会吐出混合了呕吐物的暗绿色的唾沫。非常恶心！

一旦两头羊驼通过几番互吐唾沫后了解了彼此的情况，它们就会各自回到自己的领土，好像什么都没有发生过一样。值得一提的是，羊驼相互之间会通过吐唾沫来表达不满的情绪，但它们几乎很少向人类吐唾沫。

羊驼与单峰驼、双峰驼一样，脾气很不好。因此，千万别把它们逼急了！

苍蝇不叮人吗

大错特错！

有一些苍蝇会叮人。例如生活在非洲的一种非常有名的“采采蝇”，它的个头比一般的苍蝇大，会吸食动物或者人类的血液。采采蝇的嘴巴像一根针，能够刺穿受害者的皮肤，并像吸血鬼一样吸食血液。

采采蝇可以吸食相当于自己体重三倍的血液。胃口真是大呀！它把吸食来的血液都储存在腹部，以至于肿胀的腹部看起来快要撑破了！

最要命的问题是，采采蝇的体内寄居着一种微小的寄生虫——锥虫。采采蝇叮咬人畜的同时，就把这种寄生虫传染给了人畜，最终引起一种致死性疾病——昏睡病。

在喜马拉雅地区，也有一种会叮人的蝇。它们喜好攻击哺乳动物，特别喜欢吸食牦牛的血。

此外，还有螫蝇。它们经常出现在牲畜棚或谷仓里，尤其喜欢吸食马血。

长颈鹿站着睡觉吗

一般来说，长颈鹿不会躺在地上睡觉，因为那样很容易遭到敌人袭击。它即便是在休息的时候，也从不掉以轻心。它所有的感官系统都保持清醒，而且它的眼睛在高处可以看得更远。

实际上，长颈鹿很少能连续睡上20分钟，它每天的睡眠时间少于5个小时。有时，它甚至可以好几天都不睡觉。万一因为这样或那样的原因，长颈鹿不得不睡上一会儿，那它也会采取站姿。而此时，它的伙伴们会围在它的身旁，伸长脖子，各自面朝一方。这就是团结的精神！

这是真的！

如果长颈鹿躺下来，那是为了休息，而不是为了睡觉。

长颈鹿即使在喝水的时候也依旧很谨慎地站着。它有时跪下前腿，有时分开前腿站立以便自己够得着水。它就连分娩的时候也是站立着的。小长颈鹿刚刚来到这个世界，就得从2米高处落下。有时候，小长颈鹿被摔得太疼了，它们会哀嚎好几分钟。

一只母兔一年能生35只小兔子吗

这是真的！

兔子的繁殖速度特别快。一只母兔一年能怀孕3—5次，每次会生下3—7只小兔子。如果我们算一下，就会发现一只母兔一年最少生9只小兔子，最多能产35只小兔子。小兔子也没闲着，只要长到8—10个月大，它们也开始进入生育阶段。想象一下，如果一对兔子的后代全都能存活下来，那么3年内它们的后代总数将达到3300万只。1874年，澳大利亚曾引进12对兔子，截至1949年，它们的后代多达50亿只。

此外，在养殖场里，雌兔数量总是比雄兔多。为了向其他的雄兔声明自己对雌兔的占有权，雄兔会用下颚腺体的分泌物涂抹雌兔，在它们身上留下自己的气味。雄兔还会用自己的粪便标记自己的领地，以警示其他雄兔绕道而行。

在动物界，不是只有兔子的生殖能力强。一只雌鼠一年能生养10胎，每胎最多能生出12只小老鼠。所以一年内一只母鼠就可以生养120只小老鼠。这是多么庞大的家庭啊！

变色龙可以变出所有颜色吗

变色龙主要受环境的影响或情绪的改变（如兴奋或受到惊吓）才变换自己身体的颜色。但是每一种变色龙只擅长在某一系列的颜色之间切换变化。有些变色龙为了融入大自然，能够将皮肤变为浅绿色；有些变色龙在受到敌人威胁或者被激怒的时候，皮肤就会变为棕色；还有一些变色龙则为了吸引配偶的目光而变色，这是一种求偶方式。生长在非洲的国王变色龙全身黄褐色，与周围的树叶浑然一体。它们只有在遇到危险时才会改变身体颜色。当敌人靠近时，变色龙体内的警报系统即刻拉响，皮肤的颜色随即变深。

这不是真的！

我们都知道变色龙的身体能变换颜色。但是请注意，变色龙不可能变换出所有的颜色。

变色龙依靠黑色素来改变身体的颜色，我们人体的肤色也由这种色素决定。只不过变色龙体内生产黑色素的细胞比我们人类的更有效率。

这也是我们的皮肤不能变成绿色的原因！

跳蚤是世界上跳得最高的动物吗

这是真的，但是……

跳蚤能高高地跃起，全凭它体内一种特殊的能够储存能量的蛋白质。这种蛋白质可以使它的肌肉在起跳前保持紧张状态，也可以使它的后腿能够更强有力地将身体弹射出去。在起跳的那一刹那，跳蚤的加速度甚至是火箭发射时的20倍！

如果按跳蚤跳跃的高度（约为25厘米）与它的小身材（2毫米）的比例算，那么它无疑就是全世界的跳高冠军。它跃起的高度可达自己实际身长的125倍。以此类比，相当于人类跃过225米的高度。这样的跳跃能力简直太惊人了！

跳蚤惊人的弹跳能力可以使它跃上比它高大得多的动物，比如人类。人类的血液是大胃王跳蚤的最爱。跳蚤平均每小时可跳跃600次，并且能连续跳3天。还真是不知疲倦呢！

狐狸真的狡猾吗

小型啮齿动物是狐狸的最爱，它们躲在草丛中，悄无声息地接近猎物，然后奋然一跃，精准地扑向猎物。此外，狐狸还会耐下性子静静地守候在兔子的洞口，等待失去戒心的兔子离开洞穴。据说，当狐狸饿了的时候，它会在红色的地面上打滚，看起来好像受伤了一样。这时如果有一些好奇的小动物走近它身边，它就会一跃而起压住那个小家伙。北极狐是一种特别聪明的狐狸。它会远远跟在北极熊的身后，在浮冰上慢慢移动，然后伺机偷走北极熊吃剩的食物。狐狸还擅长未雨绸缪。一旦进入秋天，它们就开始将自己吃不完的食物都囤积在洞穴里，把这个洞当成冰箱用来保存食物。

千真万确！

狐狸是犬科食肉动物。它能利用诡计使猎物离开巢穴，也能灵活地避开敌人，比如狗和人类。它是一种夜行动物，总能巧妙地搜寻到它的食物。

在西班牙，人们把狐狸称为佐罗。大家都知道，佐罗就像狐狸一般狡猾！

鼹鼠的眼睛看不见吗

鼹鼠真像人们所说的那样，是近视眼吗？是的，它的眼睛很小，直径才1毫米，而且还被皮肤和毛发遮着，所以它们的确看不太清楚。但是鼹鼠绝对不是盲眼！想象一下，在黑暗的地下生活，其实也不可能看得太清楚。

请帮助你的鼹鼠朋友找出一条通向食物的道路，注意避开凶恶的园丁！

尽管鼹鼠最远只能看到它的鼻子，但是作为补偿，它拥有异常灵敏的嗅觉和听觉。而且它的尾巴对触碰特别敏感。依靠这种特别的感觉系统，鼹鼠可以轻松地探路以及寻找食物。

鼹鼠能够探查到躲在地下的小虫子，然后翻遍整个院子把它们找出来。

在动物界，视力不好的动物还有很多。比如，鲨鱼的视力极差，老鼠的视力也不太好。

美洲豹也是一种猎豹吗

美洲豹是一种生活在美洲热带地区的猎豹。它是美洲大陆体型最大的猫科动物。从伯利兹到阿根廷北部地区，都有它们的踪影。美洲豹比它的非洲同胞更笨重，且不怎么温和，也不太敏捷。

与印度和爪哇森林里的黑豹不同，美洲豹的皮毛上有很多斑点，这一点与非洲斑纹豹很相似。

与非洲和亚洲的豹一样，美洲豹的大部分时间都待在森林里，随时准备猎杀猴子、野猪或貘，作为它的美味佳肴。

这位独行侠一般都在夜间行动。它总是出其不意地攻击、捕捉猎物。它也是游泳健将和攀爬高手。但是跑步不是美洲豹的强项，因为它的四肢比较短。当然，谁都不可能是完美无缺的。

青蛙是雌性的蟾蜍吗

这是错的！

青蛙、蟾蜍、雨蛙都是两栖类无尾目动物。它们组成了地球上最大的两栖动物群体，包括超过4000个物种。但是，它们并不是同一种动物！

青蛙有雌雄之分。蟾蜍也是如此。要区分它们两者，主要的依据是皮肤。青蛙生活在水里，它们的皮肤比较光滑。蟾蜍的皮肤粗糙，上面布满大小不等的皮肤赘疣。皮肤赘疣能够储存水分，保证蟾蜍可以在陆地上长时间逗留。

当然，例外也不在少数。有些蟾蜍像青蛙一样生活在水中，而有些青蛙的皮肤上也长了很多“脓包”（比如湖侧褶蛙，又名笑蛙）。还有一种分布于亚洲的黄斑蟾蜍，它的皮肤非常光滑。大自然真的是很复杂呢！

鳄 鱼 会

这是真的，但是……

为什么当有些人怀有某种企图或假装很可怜而流泪时，我们会说那是“鳄鱼的眼泪”？这一说法来源于古代文化。古时候的人认为鳄鱼会利用发出的呻吟声和眼泪来博取猎物的同情。不过，实际情况有点复杂。其实，在14种现存的鳄鱼里，只有一种鳄鱼会流泪：它就是湾鳄。它流眼泪并不是为了讨好谁，或者诱惑猎物，仅仅是想要排出让眼睛感觉很难受的盐分。

流眼泪吗

这种鳄鱼体型庞大，重量可达一吨，主要生活在印度和东南亚地区盐度很高的海水中。它只有在产卵或者晒太阳的时候，才会离开大海。此时，我们就能看到它“流眼泪”了。

鳄鱼的眼泪可以把体内因长时间呆在海水里而积累起来的盐分全部排泄出去。一旦把盐分都排出体外，鳄鱼就会感觉舒服很多，然后它才会转身回到海水里继续它的生活。

河马只吃草吗

这是真的！

人们经常认为，河马长着惊人的牙齿，一定是用来撕扯肉类的。但是，这是一个错误的认识！这种庞然大物竟然只吃植物。

事实上，河马巨大的门齿只是为了吓唬它的敌人。不过它的下排犬齿又名獠牙，非常坚固，可以造成敌人流血受伤，十分可怕。

河马白天都待在泥潭中，那里很凉快，且可以躲避强烈的阳光。当夜幕降临后，河马才会离开泥潭。

它们依循固定路线前往草场，有时行走的距离甚至超过10千米。当它们到达目的地后，就开始享用盛宴。河马用它的大白齿将草磨碎。河马的胃口很大，一头成年河马每天大约能吃下40千克的食物，因此需要所有的牙齿一起开动！

松鼠整个冬天都在睡觉吗

有些动物整个冬天不吃不喝，新陈代谢十分缓慢。我们称之为冬眠。在这期间，动物的体温会下降，心跳和呼吸都会减缓。

它们以这种方式降低能量的消耗，但是它们真的是在睡眠中度过冬季的吗？对旱獭和刺猬来说，的确是这样，但是松鼠就不一样，它们并非在睡觉。

当寒冷的季节来临时，欧洲大陆常见的松鼠会躲进用树杈搭建的柔软的窝里或树洞里。它们会蜷缩成一团，但是并不会沉沉睡去。证据就是：它们会时不时地从树上爬下来，前去寻找入冬前藏起来的食物。

其实，它们在秋天便开始为即将到来的冬天提前储备坚果和谷物了，它们会把食物掩埋在地下或深藏在树洞里。等到冬天降临，它们就能用这些食物果腹。谨慎永远是好的，这也是松鼠的优点之一。

雌性黑寡妇蜘蛛会吃掉伴侣吗

如果雌性觉得嘴里没有东西可以嚼，它会直接把自己的雄性伴侣活生生地吞下。

幸运的是，雌性的嘴里一般都会嚼着一些食物。因此，它通常会放过它的伴侣。

雌性黑寡妇蜘蛛不是唯一有这种行为的动物。

比如绿得很漂亮的螳螂，有时雌性也会在交配后把雄性吃掉。但是这也不是绝对的。有些雄性比较多疑，动作比较敏捷，能够从雌性手中逃脱。

这是真的，但不是每次都这样！

雌性黑寡妇蜘蛛对雄性没有丝毫同情心。它们经常在交配完毕后，就一口吞掉雄性。这是为什么呢？雄性黑寡妇蜘蛛的个头比雌性小，交配的时候雄性必须爬到雌性背上。就是这个行为，引起了雌性的食欲，但是目前人们并不十分清楚其中的原因。

那么雌性黑寡妇蜘蛛到底是种什么样的动物呢？这是一种生活在热带地区和地中海地区的蜘蛛，它们非常小，但是毒性特别大。被它叮一口不但疼，而且还有致命的危险。这种动物有另一个可怕的特征：由于它们个头太小，缺乏足够的力量破茧或织网，所以为了获得能量，它们从很小的时候就开始自相残杀！

巨蟒能吞下羚羊吗

这是真的！

在非洲，有一天，一条长达5米的非洲岩蟒吞下了一只重达60千克的羚羊，而且连羊角都吞掉了！这么大的胃口真是太难以想象了！

不过，这份大餐创造了一项世界纪录，也是一个例外。对于巨蟒来说，吞下一只狗、一只野兔子、一只猴子或一头小猪都没有什么困难，但如果要吞下体型更大的动物就没有那么轻松了。总的来说，蟒蛇根本不可能如传说中那样吃掉一头大象。为了杀死它的猎物，蟒蛇一般会先缠绕在猎物身上，然后将其勒到窒息而死。但是，蟒蛇的长度根本无法缠绕大象如此庞大的身躯。

等猎物窒息而死后，蟒蛇需要做的就是将其整个吞下，然后慢慢消化。这个消化过程有时长达数周，在此期间巨蟒只能保持一动不动。

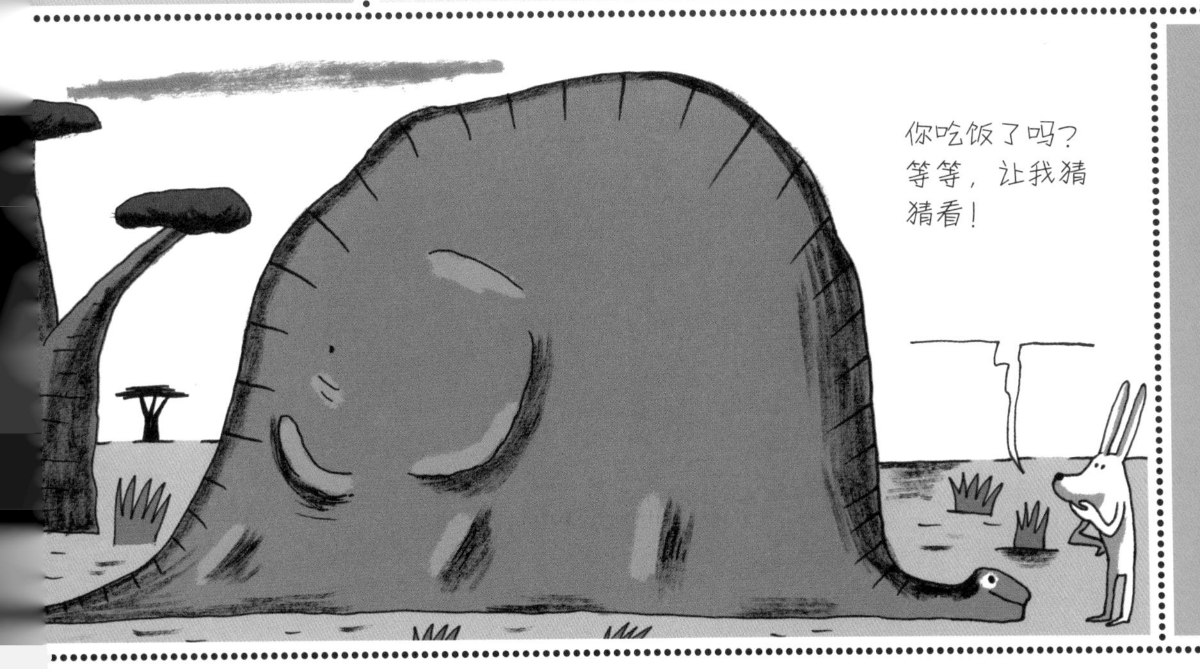

大蟒蛇其实并不需要经常吃东西。球蟒可以断食至少6个月，而水蚺能断食长达1年。这给它们的猎物留下了喘息的机会。

狐狸都是红棕色的吗

这是不对的！

红棕色的狐狸是人们最常见的。晚上，当我们走在乡间或城市的小路上时，总有机会碰上它们正在翻垃圾桶。

这一身秋天的颜色使它们可以自然地与周围的树木融为一体，不仅可以迷惑猎物，还可以躲避它们的天敌。但是其实还有蓝色的狐狸，它们就是北极狐。事实上，北极狐的皮毛会随着季节变化而改变颜色。夏天，它们披一身灰棕色的薄皮毛，正好与周围石头的颜色相协调。等到冬天，它们就会换上一身白色皮毛，与周遭的白雪皑皑非常契合。

狐狸的皮毛太过漂亮，以至于招来杀身之祸。蓝狐，又称为白狐，生活在欧洲、西伯利亚和北美洲北部的北极地区。它们捕食当地的啮齿动物、小鸟、昆虫、鱼还有甲壳动物。它们有时也吃蛋，或者在村子的垃圾桶里翻找残羹剩菜。这点和它的亲戚红狐狸一模一样。

非洲有老虎吗

在印度尼西亚生活着苏门答腊虎。它与其他的老虎很容易区分，它的两颊有明显的白色花纹。在印度和孟加拉国生活的孟加拉虎是一种非常漂亮的老虎，可惜它们正濒临灭绝。同样面临灭绝危险的还有印度支那虎，它们主要分布于越南、柬埔寨和泰国。在俄罗斯东部和中国北部，还生活着西伯利亚虎，即东北虎。这种老虎体型比较大，很强壮，并且很敏捷，它们的皮毛很厚，足以抵抗当地的严寒气候。

并没有！

到了非洲，除非在动物园里，否则你几乎不可能与老虎面对面。因为只有亚洲大陆才有老虎生存。

老虎一般生活在森林、热带草原、红树林或沼泽地里。从20世纪中叶开始，老虎的数量骤减，从1900年的10万只减到目前仅剩3500只。栖息地的减少以及经济利益刺激下的盗猎是目前保护老虎所面临的最大困境。

鲨 鱼 会

事实上，关于鲨鱼中最危险的家伙——白鲨会吃人的说法，是错误的。它一般只吃些小鱼、章鱼、乌贼之类的生物，有时候会攻击海豹和海狮。但如果说它们会吃人，很可能是因为它们将人当成海狮了。其实白鲨不太喜欢人肉的味道。

据说，每年全球受到白鲨攻击的人数约有20多名。海洋巨人大白鲨的血盆大口内像钢铁般坚硬，像刀片般锋利的三角形牙齿难免让人望而生畏。

吃　人　吗

公牛鲨和虎鲨是两种对人类来说特别危险的鲨鱼。它们的攻击性很强，而且会出其不意发起攻击，因此名声很不好。

世界上最大的鲨鱼是鲸鲨。所幸的是，这种鲨鱼只吃小鱼和浮游生物，所以对人类没有危险。

海绵是种动物吗

这是真的！

很难想象海绵是种动物吧？它看起来更像是植物，而与小虫子毫不沾边。但偏偏事实就是这样！

海绵真的是一种动物，而且应该算是世界上最简单的动物。它们静静地躺在海底或是河床底部，基本不移动。海绵类似于管状物，没有固定的形态。它也没有眼睛，没有耳朵，没有大脑，没有神经，没有心脏，更没有血液。海绵的骨架极其简单：它只有柔软的纤维，没有脊柱。

实在没有比它更简单的动物了！和别的动物一样，海绵也需要吃东西才能生存下去。它们的身体里有很多微小的孔，它们利用这些孔吸收水里的小动物和植物。这些物质构成了海绵的食物。

海绵经常被用做清洁工具。可见它们还是很有用的。

企鹅和海雀一样吗

这是错的！

企鹅和海雀是两种完全不同的动物。企鹅生活在南半球，不会飞。它们的翅膀已经退化。但是这并不意味着它们的翅膀没有用处。企鹅的翅膀就像鱼鳍，可以帮助企鹅在水中快速、优雅而且灵活地移动。尽管企鹅在水中逍遥自在，但是在陆地上它们变得极其笨拙。它们很喜欢用腹部滑行，就像滑雪橇一样。

海雀会飞，而且飞得还不错。它们生活在北半球，出没于格陵兰、北美洲以及英国的悬崖峭壁。它们也很喜欢潜入水中寻找食物。说实话，这两种动物的确容易弄混。不得不承认它们相似度很高，而且在英语中，它们被统称为penguin。

鹦鹉会讲话吗

这是真的，但是……

鹦鹉之间的交流并不通过语言。它们只是非常乐于重复它们听到的声音。鹦鹉能够重复某些词语，但是它们并不明白这些词语的意思，所以它们只是声音模仿者而已。

而且，只有少数的几种鹦鹉才拥有这种才能。其中，加蓬的灰鹦鹉的语言能力最强。

有些鹦鹉甚至能掌握300多个单词。据说有一只叫做阿雷克斯的加蓬灰鹦鹉能够用英语说出50种物品的名称。还有一只实验室培育的灰鹦鹉能够说出100种物品的名称，能分辨颜色，还能数到6！更厉害的是，它还能说出："这个红色的方块是木头做的""那里有4个香蕉"之类的句子。

还有另一个很棒的模仿者，也与加蓬鹦鹉一样，不但好奇还具有很强的社交能力，它就是凤头鹦鹉。

会说话的鹦鹉只占339种鹦鹉里很少的一部分。不过人们对这些鹦鹉也有一个比较统一的看法，就是：它们太吵了！

公狮子非常懒惰吗

公狮子很喜欢午睡。一天中的大部分时间，它都处在睡眠状态，或者在热带草原上的灌木丛阴影下打盹。

与此同时，母狮子在忙着追捕羚羊、角马、斑马等。这种分工方式是狮群的基本规矩。每个狮群由3—15只母狮子、一群小狮子和2—3只公狮子组成。母狮子的任务是捕猎，因为它们比公狮子行动更敏捷、更迅速。而且母狮子没有鬃毛，所以它们行动的时候更不容易被发觉。公狮子的任务是保护大家的食物，以防止其他群的狮子以及鬣狗偷食。它们还要负责保卫狮群的领地。这种有限的运动量使它们拥有大量时间吃饭。因此，它们整天大吃大喝，每餐要吃下约30千克的肉。

吃饱饭后，公狮子伸展开庞大的身体，懒洋洋地躺在地上开始打盹。饱餐之后，公狮子一般需要休息24个小时！如果说公狮子是百兽之王，它一定是以懒惰取胜的！

把蚯蚓切成两段，就变成两条蚯蚓吗

这是假的！

事实与我们经常听到的这种说法截然不同。如果我们把蚯蚓切成两段，它们并不会生成两条新的蚯蚓。只是蚯蚓被切之后不会死而已。

蚯蚓被切之后的几分钟内，被切开的两段蚯蚓都会不停扭动，但是这不会持续很久。通常相对比较短的那部分会死去，而较长的那段会存活下来，最终长成一条新的蚯蚓。

这是因为蚯蚓是环节动物，从头到尾由各个环节相连而成。这些环节大多非常相似，只是第一段发育成头部，最后一段则长成了尾巴。

当蚯蚓被切断时，它并没有损失任何重要器官。因此它才能继续存活下去。

千万记住：如果把蚯蚓切成10段，你肯定不会看到10条新生的蚯蚓！

不过凡事都有特例，涡虫就是一个例外。如果你把这种扁平的小虫子切成小段，那么每一段都能重新长成一条完整的涡虫。

海狸能砍倒一棵树吗

这是真的!

啮齿动物海狸真是天生的伐木工。美洲海狸长着一口堪比钢锯的锋利牙齿以及强有力的下颚，能轻松啃断一些小型树木，比如栲树、榛树和桦树。它是怎么做到的？它一边啃咬树木，一边围着树干绕圈，直到树木被彻底啃断。

但是，它们并无法预料树木最终会倒向哪边，因此有时候海狸要为此付出生命的代价。

如果树干太粗壮，海狸就需要找同伴来一起帮忙。团队精神万岁！

海狸会用截断的木头在流水中搭建属于它们自己的大坝。这些大坝长度不等，一般为5–30米，但有时也可能长达300米！海狸就在大坝围成的小湖里建造自己过冬的住所。小动物真是太聪明了，不是吗？

眼镜蛇会随音乐起舞吗

在印度，街头的舞蛇表演会让游客误以为眼镜蛇能随着音乐翩翩起舞。而事实上，眼镜蛇只是跟着笛子在扭动，因为它把笛子当成自己的猎物。

眼镜蛇的脊柱包含很多脊椎骨，因此它的身体非常柔软，可以朝任何方向弯曲或盘绕，也可以笔直地立起。正因为如此，人们才会相信蛇会跳舞。当然，参加表演的眼镜蛇口中可怕的毒牙已经被彻底拔除了。所以它们是不会伤人的。

但是在自然界里，故事却完全不是这样的。野生的眼镜蛇是非常危险的动物。在印度，眼镜蛇每年差不多杀害数千人。眼镜王蛇的一口毒液能让一头大象在4小时内死亡！

眼镜蛇得名于它头部后方的花纹，看起来既像大型动物的眼睛，又像戴了一副眼镜。如果它的敌人出现在背后，这个图案能起到一定的威慑作用。

是不是很聪明呢？

老虎吃人吗

在印度，老虎被赶出一直以来赖以生存的自然家园——丛林，它们很不开心，所以会经常骚扰周边的村庄。

通常，那些年老的或是受伤的老虎很难猎取到食物，所以才会攻击人类，尤其喜欢攻击无力反抗者。但更多的时候，老虎更喜欢猎捕鹿、水牛、黄牛、小型飞禽、爬行动物以及青蛙等来作为它的食物。例如，孟加拉虎就特别喜欢吃水鹿。

有时候我们会看到母老虎凶狠地露出它的牙齿，其实它只是为了保护自己的幼崽。

这不是真的！

老虎主动袭击人的事件很少发生。相反，老虎之所以看起来一副很凶残的模样，完全是为了避免人类靠近。它们既不疯狂，也不残忍，它们捕杀其他动物不是为了果腹就是为了自我防卫。因此所谓老虎喜欢吃人肉的说法是十分荒谬的。

老虎都是大胃王，平均一餐能吞下35千克肉！老虎很少加害人类，但是人类却经常伤害老虎。在19世纪末，印度的老虎便遭受过残酷的捕杀。时至今日，还是有人为了获取它漂亮的毛皮和有药用价值的器官而对它们展开杀戮。

蜥蜴的尾巴切断后还能再长出来吗

这是真的！

当蜥蜴在遭遇危险时，它会主动“丢卒保车”，即让尾巴断掉以保住自己的小命。这种保护性的条件反射被称为“自截”。最让人吃惊的是，蜥蜴断尾后还能再生！

事情是这样的：蜥蜴的肌肉像锥体一样层层叠套在一起。当蜥蜴快要被捕食者捉住的时候，它会收缩肌肉，使锥体彼此分离。此时蜥蜴的尾椎会断掉，尾巴就会脱离身体。断尾仍然会不停扭动，就像是一条大虫子。捕食者的注意力往往会被这扭动的尾巴吸引过去，而忘记了它的猎物，于是蜥蜴便有足够的时间逃之夭夭。不久之后，断尾的地方又会长出一条新尾巴。通常尾巴再生的过程需要几个星期。

新生的尾巴与断掉的那一段不一定完全一模一样。一般来说，新尾巴略短，颜色也较浅。有时候新生的尾巴形态比较奇特。如果你有机会看到一条蜥蜴长着分叉的尾巴，千万不要感到奇怪，这不过是因为再生的尾巴长得不太正常而已。

鸵鸟是跑得最快的鸟吗

如果鸵鸟突然以冲刺的速度奔跑，那一定是因为它遇到了危险。当捕猎者靠近它时，它会奋力跑开，这远比把头埋进沙子里静静地等待危险过去更有效。与大部分在平原生活的动物一样，鸵鸟有一双强有力的脚，使得它可以在平原上快速奔跑。它只有两趾，这对跑步来说很有利。它的步长约为3.5米。对于不会飞行的鸟类来说，这可是跑得快的一张重要王牌！

这是真的！

非洲鸵鸟是两足动物中跑得最快的，也是世界上最大的鸟类，体重达155千克。强壮发达的肌肉使它奔跑的时速高达65千米。

走鹃是会飞的鸟类中跑得最快的，它有个可爱的昵称——“公路赛跑者”。在北美洲的沙漠里，它经常会追赶正在穿越沙漠的汽车，其奔跑速度可达到每小时40千米。著名的动画片《兔八哥》中那只被郊狼追着跑的鸟便是走鹃。

红毛猩猩是最大的猿吗

在猿类家族里，最大个头的是大猩猩，而不是红毛猩猩！一只雄性红毛猩猩最重约100千克，而大猩猩的重量能达到200千克。

而且红毛猩猩的个头也比大猩猩小：红毛猩猩一般高约1.5米，大猩猩则达到1.8米。但是红毛猩猩可以算是树栖动物（指那些住在树上的动物）中个头最大的。

在苏门答腊岛和加里曼丹岛的潮湿的热带雨林中，红毛猩猩生活得悠然自得，被称为“森林老人”或“树老人”。它们采果子、摘叶子、捉虫子、捕小鸟来填饱自己的肚子。

与大猩猩、黑猩猩、长臂猿一样，红毛猩猩也属于大型猿类家族。我们都知道，它们与人类最接近。你想不到的是，其实大猩猩和红毛猩猩都是很温和的动物。

尽管大猩猩的下颌强而有力，但是它们并不是凶残的杀手。同样，红毛猩猩的大面颊看起来也很可怕，但是它们其实也不如外表这般凶狠。不过大家还是要小心，千万别因为这样，就随意激怒它们。

章鱼也会喷墨吗

这是真的！

当章鱼受到威胁时，它会喷出一股深棕色的液体。这种液体其实是墨汁。危险来临时，章鱼会用墨汁隐藏自己的行踪，使对手失去方向。

章鱼一边从腹部的小口袋中挤压出墨汁，一边倒退着前进。这是一种应激的游泳方式。

章鱼面临危险时，还有其他的逃脱方式。某些品种的章鱼可以瞬间变换颜色，以此来隐藏自己，或是吓退捕食者。

这种软体动物的身体极其柔软，没有骨头，整个身体圆圆的，长着8条布满吸盘的触腕，这些吸盘可以帮助章鱼固定在岩石上，或者牢牢抓住猎物。

章鱼还有一对大大的眼睛，看起来跟我们人类的眼睛有点相像。它能用这对眼睛看到即将面临的危险。

有不会游泳的螃蟹吗

这是真的！

椰子蟹不会游泳，它是一种陆生寄居蟹，如果在水里待得太久很可能会溺水而死。当椰子蟹长到3岁时，它就会离开生养它的大海，爬上陆地，从此再也不回到海里。

很快，它就失去了在水中呼吸的能力。令人惊奇的是，椰子蟹的呼吸系统很奇特，既不是鳃也不是肺。这种呼吸系统可以帮助椰子蟹从空气中摄取更多的氧气，但却不妨碍它偶尔去水里洗个澡，只是它不能在水下待很久。

椰子蟹最喜欢的事情就是爬椰子树。它的腿具有特殊攀爬能力，能够爬到很高的地方。一旦它成功到达树顶，它会用大钳子剪下并撬开椰子。

一般来说，能爬树是个不错的技能，至少可以躲避捕食者。但是这项技能对椰子蟹来说并不太管用。尽管它是一种需要保护的动物，但是人们还是不断地捕捉它们以饱口舌之福。这种螃蟹在印度洋和太平洋的一些岛屿上，是人们主要的食物资源。

斑马的条纹是用来伪装的吗

这个问题目前还没有明确的答案

斑马条纹的作用一直是一个非常神秘的话题，有些专家认为这是一种伪装术。这些条纹会使斑马的轮廓变得模糊不清。试想，如果一群斑马驰骋在热带草原上，你会很难分辨每一匹斑马的头和尾。而作为捕食者的母狮子也很难锁定猎物，因此它们只能放弃捕猎行动。

还有一部分专家认为，这种条纹只不过是一种印记，能帮助斑马识别同类，与自己的家人团聚在一起。每种斑马都有自己特殊的花纹。细纹斑马和山斑马的条纹往往比草原斑马的更多更密。

查普曼斑马的条纹为黑底细灰纹。即使同属一个品种，不同斑马的条纹也各有差异。每一头斑马身上的条纹都独一无二，就好像是它们随身携带的身份证。

乌龟能活150岁吗

还有其他的例子：埃及开罗动物园曾经饲养过一只寿命长达260岁的加拉帕戈斯象龟！虽然这几个数字很惊人，但是我们需要理性面对，因为我们几乎不可能准确地测定野生动物的实际年龄。而那些圈养动物的寿命往往比种群的平均寿命要长。不过有一件事是肯定的，那就是乌龟是一种耐力特别强的动物。有人认为，乌龟的长寿得益于它消耗的能量比哺乳动物少得多。换句话说，因为节能所以活得更长久。

这是真的！

乌龟的寿命总是特别长。1766年，一位博物学家将一只塞舌尔的大龟带到了毛里求斯，结果这只乌龟活到1918年，整整活了155岁！

很长寿，对吧？

不过，需要注意的是，乌龟并非世界上最长寿的。长寿纪录的保持者是两种非常奇怪的小生物——巨蚌和管虫，它们都能活到200岁！

所有的蚊子都叮人吗

这不是真的！

只有母蚊才叮人！母蚊产卵需要大量能量。它们必须吸取动物的血液，包括人类的静脉血，才能获得足够的能量。公蚊只要吸食花蜜和植物的汁水就能填饱肚子，而母蚊则需要用一根很长的针刺穿动物的皮肤，找到血管，然后用它的长吸管把血液吸出来。

为什么被蚊子叮过以后皮肤会痒呢？蚊子叮人时，会吐出含有毒素的唾液。这时候人体会启动自我保护机制，产生一些抗体来中和有毒物质。麻烦的是，这种中和反应会使皮肤长出小红疱。一般来说蚊子的叮咬并不会危及生命，但是一些热带地区的蚊子就另当别论了。它们可能是导致致命性疾病疟疾的微生物——疟原虫的携带者和传播者。

只有雄鹿才有角吗

一般来说，这是真的！

同属于偶蹄目鹿科的雄性马鹿、黄黇鹿、狍子和驼鹿都长角。一般而言，雌鹿不长角，但是也有例外，雌性北美驯鹿就长角。

鹿角与牛角不同，后者为角质，而前者是骨质。每年冬天，鹿角会先脱落，然后继续生长。新长出的鹿角称鹿茸，表面覆盖一层特殊的皮肤。一旦鹿角生长完毕，这层皮肤随即完全脱落。从此鹿角正式成为雄鹿战斗的工具。

雄鹿间的战争往往发生在秋季——交配的季节。到那时，雄鹿们会展开一场激烈的角逐，以赢得雌鹿的青睐。

鹿角的分叉随着时间的推移变得越来越复杂。但有一点与人们的常识相反，鹿角分叉的多少不一定与鹿的年龄相当。加拿大的驼鹿拥有棕榈叶般硕大的鹿角。它们的鹿角重达20千克，伸展开来宽达2米。

蛇会催眠它的猎物吗

这是假的！

有时候，我们会观察到有些动物，比如青蛙，在它的天敌游蛇面前几厘米处一动不动。

看上去青蛙似乎被催眠了。为什么它们不逃跑呢？其实，这是因为青蛙根本就没看见蛇！当它看见蛇时，估计也已经来不及逃脱了。不过有时候也可能是小动物被吓呆了。人类也一样，即使面对无毒的蛇，有些人也会被吓得无法动弹。

也许恐惧会使一些人撒腿就跑，但是它也会使另一些人迈不开腿，无法动弹。蛇和蜘蛛是最令人恐惧的动物。

但是不论怎样，蛇并没有用催眠的方法进行捕猎。无论它又大又圆的眼睛多么令人浮想联翩，它都不具备催眠这项技能！

猫和狗

与传言不同的是，猫和狗并不一定是势不两立的敌人。如果它们从小一起被抚养长大的话，它们之间能够建立起良好的关系。如果一只猫在不到3个月大时就认识一只狗，那么它们很可能会成为最好的朋友。在这个时间段内，它还有可能将小狗纳入它的朋友圈。超过这个时间段后，一切就变得太迟了。不过当一只狗看到一只不认识的猫时，它也会一边追逐一边吠叫。

天生不合吗

这两种动物的性格和生活习惯截然不同。总体来说，家犬非常依赖主人，它们需要得到主人的关注和安抚。而猫则较为独立，它们无法忍受各种限制，会想尽办法摆脱束缚。

换句话说，猫和狗的生活其实互不相干。因此，它们完全可以和平共处。

有不会走路的鸟吗

这是真的！

我们来认识一下雨燕。这是一种小型鸟类，由于爪子太小，基本上无法行走。它们属于雨燕目，也被称为“无脚鸟”。

所以雨燕的一生都是在空中度过的。它们甚至夜晚也在飞行，还能边飞边睡觉。在高空中，它们从不浪费时间。在飞行过程中，它们还可以捕食昆虫来填饱肚子。有些品种如黑雨燕，还是长途迁徙的高手：它们冬天住在非洲，等来年春天再飞回欧洲或亚洲筑巢。它们在这样的长途飞行中，几乎不休息。

蜂鸟，也是一种无法行走的小鸟。它们擅长向任何一个方向飞行，甚至倒飞和侧飞。蜂鸟通过不停挥动翅膀，可以保持悬空停在花朵前面。一只蜂鸟每秒钟可以挥动翅膀数十次。是不是很惊人？

海牛是生活在海边的牛吗

这是不对的！

现存的海牛目分为两个科：儒艮科和海牛科。它们通常生活在海里，或栖息在美国佛罗里达州、加勒比海和西非的部分河口区域。

海牛是唯一以水生植物为食的哺乳动物。这也是“海牛”得名的原因之一。它们的食量惊人，每天吞食大量的海草、海藻等水生植物。海牛科动物不挑食，水面和水底的植物都吃。但是儒艮不同，它们只喜欢吃水底的植物。

海牛行动很缓慢。它们总是成群结队地生活在一起，以抵抗捕食者的攻击，比如它们会集体对抗鲨鱼。

这种哺乳动物身形巨大，还有一张接近方形的嘴。海牛科动物的尾部呈圆弧形，而儒艮的尾部中间有个分岔。所以，海牛其实与奶牛没什么关系。

熊喜欢吃蜂蜜吗

这是真的！

虽然北极熊是肉食动物，尤其爱吃海豹，但棕熊和黑熊却是杂食动物，什么都吃。

熊与狼和狮子一样爱吃肉，但它们不挑食，几乎任何到手的食物都会大口吞下。而且它们的确特别偏爱甜食，尤其是蜂蜜。为了吃到蜂蜜，它们不惜用爪子去拍打野蜂窝。一旦野蜂散去，熊就会从蜂窝里把蜂蜜掏出来，当然有些时候蜜蜂会顽强抵抗。然而欲望最终会战胜一切，所以熊总能以胜利者的姿态全身而退！

棕熊喜欢水果、浆果、根茎和昆虫。一种生活在北美地区的熊，甚至会跋涉几千米去寻找它们的食物——植物根茎、小动物或腐尸。

到了夏天，熊会潜入河中，捕捉逆流而上的鲑鱼。但当冬天来临，由于食物匮乏，它们会躲进自己的洞穴睡大觉。

蚊子会被灯光吸引吗

我们只需要在灯边等待蚊子飞过来，然后一掌把它们拍死。

可惜，事情并非如此简单。

事实上，是我们皮肤的味道在吸引雌蚊子。

蚊子的嗅觉十分灵敏，它能够感知人体散发的热量以及呼吸时所释放的二氧化碳气体。即便在黑夜里，蚊子也能够轻而易举地找到我们。所以，在一个没人的房间里，就算灯亮着，蚊子也不会在里面逗留，而是会直接转向别处寻找人类的踪迹！

这是假的！

哈哈，如果真的是这样，那么当屋子里有蚊子准备攻击或者叮咬我们的时候，我们只需要打开灯，就能解决问题了。

事实上，没有一种夜行昆虫是真正被灯光所吸引的。如果在夜间看到光源，它们会以为那是月亮，从而飞扑过去。但是，只要它们在光源附近巡逻一遍，发现这是个错误，那么这些夜行昆虫就会立即远离光源，除非它们的翅膀在靠近光源时已被灼伤！

臭鼬真的很臭吗

千真万确!

当臭鼬受到威胁时，它会朝敌人喷射黏稠的黄颜色液体，味道很难闻。这种动物多分布于美洲大陆，与黄鼠狼是近亲。

它的黑底白纹的毛色很容易辨别，能够吓退捕食者。

但当这个办法行不通时，臭鼬会很愤怒。它会低下身子，把毛和尾巴都竖得笔直，然后用前爪跺地。

如果对方没领会它发出的信号，那么臭鼬就会转过身去，将重心移到它的前爪上，伸直后腿，朝着敌人的方向猛烈地喷射出令人作呕的液体，射程达2米且目标十分精准。这种液体从肛门附近的腺体分泌出来，可以像水枪一样喷射出去。这种液体包含多种化学成分，会灼伤皮肤，并刺痛攻击者的眼睛，严重的话还会导致攻击者失明。最重要的是，它的味道实在让人难以忍受，如果有谁不小心被溅到一点，那得赶紧洗澡换衣服。

这股臭味大概方圆一千米都能闻得到!

大部分的捕食者并不傻，它们都会避开臭鼬。只有嗅觉功能不发达的雕鸮才会在黑夜中义无反顾地追逐臭鼬。

蜜蜂只能蜇一次吗

这是真的！

与熊蜂和胡蜂不同，蜜蜂一生只能蜇一次！蜜蜂的螯针长得像鱼钩，一旦刺入敌人的皮肤就拔不出来了。蜜蜂蜇伤敌人后虽然可以暂时逃脱，但是螯针连同一部分内脏一起被拉出了体外，蜜蜂会因此而死去。

不过需要注意的是，蜂后并不会与敌人同归于尽，它还可以继续随心所欲地蜇敌人。原因很简单：它的针头弯弯的，很光滑，很容易从敌人的皮肤中拔出来。

不过，胡蜂可以蜇很多次。胡蜂蜇人特别疼，但并不是所有的胡蜂都会蜇人。现存的10万种胡蜂中，只有少数几种会蜇人。不幸的是，我们生活中接触到的通常都是会蜇人的胡蜂。所以请牢记它的外貌——黄底黑纹的身体，仿佛武装好的士兵，腹部末端有一根毒针，连接着分泌毒液的腺体。

黑豹比金钱豹更危险吗

这不是真的！

黑豹只是一种普通的豹子，与其他豹子一样，并不比金钱豹更可怕或更温和。这些豹子出生时披着一身黑色的皮毛，从而得名黑豹。但是，如果我们靠近仔细观察的话，还是能够在它的皮毛中分辨出不易察觉的斑点。

黑豹的皮毛往往呈黑色或深棕色，这是因为它的皮毛中含有大量的黑色素。

有趣的是，有些黑豹的“亲戚”身上也有斑点。总之，不管豹子是不是黑色的，它都是令人畏惧的捕猎者。它在黑夜中狩猎，安静而狡猾。它能一口咬断猎物的脖子，或咬断其脊椎。尽管有些猎物比豹子本身更重，但豹子仍然能将猎物拖到树上。因为豹子是技术一流的攀爬者。

蜥蜴是食肉动物吗

这么说没错，但是……

并不完全是这样！虽然绝大多数的蜥蜴喜欢捕食昆虫和小动物，但也有大约2%的蜥蜴是食草类，它们更喜欢植物。

为了充分享用捕获来的小动物、鸟类和爬行动物，肉食类蜥蜴总是先用它锋利的牙齿将食物撕碎。蜥蜴有一项比较特殊的捕食技能：它以闪电般的速度伸出自己长长的舌头去捕捉猎物，被抓住的昆虫几乎没有逃脱的可能。

蜥蜴是地球上族群最为庞大的一类爬行动物。它们总共有近4000个品种，大到科摩多巨蜥，小到壁虎。在地球上，除了十分寒冷的加拿大北部地区和南极洲，到处都可以看到它们的身影。你知道吗？蜥蜴需要大量的阳光照射才能保持身体温暖。

有会产卵的哺乳动物吗

这是真的！

一般来说，禽类、蛇类、鱼类或蛙类会产卵。而哺乳动物一般都不以这种方式生育下一代。但是要注意哦！有6种哺乳动物是特例！这些动物我们称之为单孔目动物。

最著名的卵生哺乳动物就是鸭嘴兽，这种奇怪的澳大利亚动物长着鸭的喙和海狸的尾巴，披着一身丝一般的皮毛，还拥有一双蹼足。它们大部分时间都生活在水里。雌性鸭嘴兽每次产卵1—3枚，颜色微白。它们像鸟类一样，孵化自己的卵。当小鸭嘴兽破壳而出后，它们会像其他的哺乳动物一样吮吸母亲的乳汁。生活在澳大利亚和新几内亚地区的针鼹也是为数不多的卵生哺乳动物之一。雌性针鼹每次只产一枚卵，然后在腹部的育儿袋内将其孵化。小针鼹出生后就可以直接吮吸从母亲皮肤渗出的乳汁。与鸭嘴兽不同的是，针鼹类没有长着鸭子的喙，但是它的背部与刺猬相似，长满尖利的刺。

考拉几乎不喝水吗

千真万确！

这种生活在澳大利亚的哺乳动物看上去像一只可爱的长毛绒小熊，完全不像爱喝水的样子。它的名字来源于当地的土著语，意思是“不喝水”。

考拉每天花18小时睡觉，由于它们的睡眠比较浅，所以它们总是一边睡觉一边嚼着酷爱的桉树叶。其实，正是这些树叶补充了它们所需的水分，因此不需要额外再多喝水。当然，它们有时也会从树上爬下来，去河边喝水解渴。那时它们就很容易成为澳洲野犬的猎物。

因此，考拉总是尽量在树上待久一点。除非其他地方有更丰富的食物，否则它们是不会轻易从树上爬下来的。动物就是这么聪明！

澳洲野犬很笨吗

这不是真的！

澳洲野犬既不比家犬或狼更聪明，也不比它们笨。“Dingo”（澳洲野犬）是当地的原住民给它们取的名字。

事实上，这些野犬并非澳大利亚土生土长的物种。它们很可能是印度狼的后裔，大概3000年前被带到澳大利亚并驯化，但一有机会，野犬又会恢复野性。如今这些野犬生活在偏僻荒凉、荆棘丛生的地带。但是就算在环境极其恶劣的地方，它们也能找到水。大多时候这些野犬单独捕猎，但当出现大型食草动物，如袋鼠时，它们就会成群结队地出现，组成一个庞大的捕猎团队。它们的牙齿又尖又利，一下子就能撬开鸵鸟的颅骨……

水母有大脑吗

这不是真的！

水母是一种奇怪的生物，它除了拥有柔软的身体和令人生畏的触手之外，还有一套原始的神经系统。它并没有真正的大脑，也没有心脏、骨骼和呼吸器官。

这种奇怪的生物长得像明胶做的蛋糕一般，整个身体的97%为水，只有3%是一些干物质。但是它能生存下来，会吃东西，更知道如何防卫和进攻。它的触手上布满了可以引起荨麻疹的刺细胞，一旦猎物（如浮游生物或一些小鱼）触碰到它的触手，它就会作出反应，向那些倒霉的猎物伸出尖刺，并注射毒液。

紧接着，被麻痹的猎物会被水母吞食。水母也会利用它的触手进行防御，某些水母体内含有30秒内就置人于死地的毒素！拥有这样一套完美的捕猎技术，这种生物居然连一个小小的大脑都没有，真是太奇怪了吧？

牛肉是公牛的肉吗

这不是真的！

我们餐桌上的牛肉一般来说是被阉割的雄性牛的肉，这种牛无法繁育后代。公牛则相反，它就是用于配种的。

将雄性小牛犊阉割，也就是摘除它的睾丸，改变它的行为。被阉割的动物相对比较平静，不容易与其他雄性动物发生冲突，从而节省了不少能量。因此它们生长较快，肉质也比较好。

被阉割过的小牛犊长大之后就会被送上餐桌。

没有被阉割的雄性小牛犊长大后就变成公牛。它们可以用于配种繁殖下一代，也会被用于一些体育竞技活动和表演，比如奔牛节活动和斗牛表演。

如今的家牛都是野牛的后代，在一些古代画像中都有记载。

饲养家牛一般为了食用，但在某些地方，人们也利用它们进行体力劳动。

印度是目前拥有家牛最多的国家：大约有2.7亿头家牛。好庞大的数目！

老鼠爱吃奶酪吗

这是真的！

老鼠能从奶酪中摄取大量的营养物质。但对它们来说，奶酪并不是那么容易找到的。因此老鼠主要的食物来源是谷物、浆果、嫩枝，有些老鼠还吃昆虫。

我们在家里经常能撞见的家鼠胃口极好，它们见到什么就吃什么。它们还有一些令人厌恶的坏毛病，比如在储存食物的地方（正是在这里，它们经常能发现奶酪）大肆掠夺；或者啃咬电线和书籍；更甚者，连肥皂之类的物品都要啃。它们还随地大小便，所到之处总是一片狼藉。正因如此，老鼠不受人欢迎，而且人们常常把它们当作有害的生物。

老鼠与人类已经一起生活了几千年。它们享受着人类的住所和食物，还经常把家安在商店的仓库里。

由于人们曾经在无意中带着老鼠一起旅行，因此现在世界各地都有老鼠。

一只鼠妈妈每两个月最多能生6只小鼠，我们根本无法摆脱它们。所以，赶快把奶酪藏起来吧！

蛞蝓是丢了壳的蜗牛吗

错！

尽管蛞蝓和蜗牛同属于软体动物门（还包括牡蛎和乌贼）腹足纲（用腹部爬行），但它们是完全不同的两种动物。

总体上来说，它们都依靠黏液腺分泌的黏液移动身体。蜗牛与蛞蝓的区别在于前者总是背着壳。这两种近亲还有另一个共同点：它们都是花园里的霸主，总是贪婪地啃食植物的根茎和叶子。

但有时蜗牛和蛞蝓也挺难区分的。

有些蛞蝓，如小壳螺科，身上就有一个肉眼能看见的退化的壳；而某些蜗牛的壳非常脆弱而且不太完整，以至它们的身体无法完全缩进壳里。因此，我们不能仅仅依靠外形来区分两者！

狗能从照片中认出主人吗

这是真的！

曾经有一些研究者做了一个实验。他们将狗领到一块大屏幕前，并在屏幕上播放许多人的照片，其中包括狗的主人。在播放影像的过程中，同时播放主人或陌生人的说话声。

结果如何呢？当狗听到主人熟悉的声音，但同时发现屏幕上的脸庞很陌生时，它会长时间地凝视屏幕，露出惊讶的表情，仿佛发现事情不太正常。

但是如果主人的照片与其声音吻合，那么狗看屏幕的时间会大大缩短。

因此，研究者认为，狗能记住主人的脸。当听到主人声音的时候，它们的神经系统“映射”记忆中的主人的模样。

这些研究结果的确很吸引人，但是狗识别主人的方式主要还是依靠嗅觉，以及主人对它们的抚摸和宠爱。

遇到危险时，土拨鼠会吹口哨吗

这是真的！

当土拨鼠发现金雕在天空中盘旋时，它就知道自己面临一场巨大的危险，因为这只猛禽正在挑选食物！于是，土拨鼠会立即用后腿站立起来，发出警报……

土拨鼠会发出长而尖的呼啸声作为警报。这种声音穿透力非常强，方圆几千米内的同类都能听到。收到信号的所有的土拨鼠会迅速回到洞穴内，躲藏好！而金雕只能遗憾地离开，错过它的美餐。

欧洲地区最著名的土拨鼠是阿尔卑斯土拨鼠，它们住在山里。在北美地区，因为北美土拨鼠在危险情况下会发出尖叫声，人们常称它“哨子鼠”。冬天，加拿大土拨鼠蜷缩在洞穴里，进入漫长的冬眠。它们通过消耗夏天积累的脂肪维持生命。金雕能够捕猎到土拨鼠的机会进一步减小。

领航鱼负责给鲨鱼导航吗

这不是真的！

鲨鱼不需要任何生物在水里为其指明方向，它们很清楚自己要去什么地方！不过，一些鲨鱼的周围总是有一些小鱼相伴，跟随着它们到处游动。

这些鱼又叫做领航鱼，它们与鲨鱼并非偶然相遇。如果你仔细观察，就会发现它们总是在鲨鱼头部附近游动。因为鲨鱼游动时头部周围水流阻力最小，在这里游动的小鱼便能以最省力的方式前进。它们是不是很聪明呀？

还有一些鱼类与鲨鱼寸步不离。

鲫鱼就是其中的一种。它们紧贴在鲨鱼腹部，为它清除寄生虫，同时还可以填饱自己的肚子。这种鱼的头部有一个很大的吸盘，能够更好地吸附在鲨鱼身上。它们有时还会吸附在鳐鱼、鲸的身上，甚至轮船底部！这种鱼黏力十足！

奶牛放屁会污染空气吗

这是真的！

据说，一头奶牛造成的污染甚至超过一辆汽车！究竟怎么回事呢？原来奶牛放屁和打嗝所排放的气体里含有大量的甲烷，这种气体是奶牛摄入的食物经过发酵后产生的。

甲烷是一种温室气体。通常，在地下室、垃圾场以及奶牛周围都能找到这种气体。如果没有温室气体，地球上就不会有生命，因为它们能够将地球表面的温度维持在15℃左右。但问题是，假如温室气体排放量不断增加，它们将会导致地球升温。农场里的反刍动物排放的甲烷占温室气体排放量的5%，它对地球环境的危害很可能远远高于汽车尾气中的二氧化碳。当然，我们还是有办法来解决这种污染的。例如，让农民给牲口喂食其他饲料。

如果用更容易消化的亚麻籽或苜蓿籽代替大豆和小麦作为奶牛的饲料，那么奶牛至少能够少排放20%的甲烷。当然，奶牛并不是唯一的污染源。羚羊、山羊等也是重要的污染源！

在中世纪，黑鼠害死了几千万人吗

这是真的！

在1347—1352年期间，黑鼠曾经间接地引发鼠疫，在整个欧洲造成大约2500万人死亡。

1347年，来自黑海的船只航行至意大利的西西里岛和法国的马赛，这些船只的货舱里满是老鼠。这些老鼠身上携带着跳蚤，而这些跳蚤体内的微生物便是引发鼠疫的罪魁祸首。老鼠无一幸免，全都死于这场疾病。然后跳蚤就开始寻找新的宿主。它们跳到家畜和人的身上，一边吸血，一边把鼠疫传播出去。这场鼠疫来势凶猛，短短两年内便席卷整个欧洲，直接导致30%—50%的人口死亡。这个数字太惊人了！这场鼠疫给整个欧洲留下了非常深刻的记忆。作为这场悲剧的幕后黑手，黑鼠成为了令人畏惧、厌恶的一种动物。

雄蚁从来都不进蚂蚁窝吗

错了！

蚂蚁窝里当然有雄蚂蚁。但是，它们像蚁后一样，从来不干活。它们只是耐心地等待起飞的信号，而且依靠工蚁照顾和喂养。从某种程度上来说，雄蚁过着像王子一样的生活！不过当雨季到来时，一切都将改变。

蚁窝的建造需要投入大量的精力。工蚁总是一刻不停地工作，不断加宽蚁窝的出口，以方便雄蚁和未来的蚁后出入。这些长着翅膀的公蚁和蚁后走出蚁窝之后就会飞向空中，密密麻麻像一团云。这种行为叫做婚飞。

年轻的雄蚁边飞边寻找可以交配的对象。但是这种飞行也是很危险的，雄蚁和蚁后会因此丧命。

它们中有一些被鸟或昆虫捕食，另外一些则可能迷路。即便它们逃脱了捕食者的追捕，雄蚁在交配后的数天内也会死去。不管怎样，它们已经完成了自己的使命，所以也就死得其所！

Le livre des vrai/faux des animaux
By
Gérard Dhôtel and Benoît Perroud

图书在版编目（CIP）数据

动物世界真假大盘点/（法）多泰尔等著；陈颖盈译.
—上海：上海科技教育出版社，2016.1

ISBN 978-7-5428-6328-7

Ⅰ.①动…　Ⅱ.①多…　②陈…　Ⅲ.①动物–儿童读物
Ⅳ.①Q95-49

中国版本图书馆CIP数据核字（2015）第272387号

责任编辑　郑丁葳
封面设计　李梦雪

动物世界真假大盘点

［法］热拉尔·多泰尔（Gérard Dhôtel）文
［法］伯努瓦·佩鲁（Benoît Perroud）图
陈颖盈　译

出　　版	上海世纪出版股份有限公司 上 海 科 技 教 育 出 版 社 （上海市冠生园路393号　邮政编码200235）
发　　行	上海世纪出版股份有限公司发行中心
网　　址	www.sste.com　www.ewen.co
经　　销	各地新华书店
印　　刷	上海锦佳印刷有限公司
开　　本	890×1240　1/20
印　　张	4
版　　次	2016年1月第1版
印　　次	2016年1月第1次印刷
书　　号	ISBN 978-7-5428-6328-7/Q·68
图　　字	09-2014-603号
定　　价	29.80元